Rita Kahl

Liebenswerte Kuscheltiere selbst genäht

ENGLISCH VERLAG

Die Deutsche Bibliothek – CIP-Einheitsaufnahme
Liebenswerte Kuscheltiere selbst genäht / Rita Kahl. – Wiesbaden: Englisch, 1998
ISBN 3-8241-0853-4

ISBN 3-8241-0853-4

Titelbild: Frank Schuppelius; Fotos: Susanna Héraucourt-Multer, Frank Schuppelius
Herstellung: Michael Feuerer
Printed in Spain

Inhaltsverzeichnis

Vorwort

In diesem Buch möchte ich einige Kuscheltiere vorstellen, die einfach nachzuarbeiten sind und nicht nur Ihren Kindern oder Enkelkindern, sondern auch Ihnen selbst viel Freude bereiten werden. Jedes Stofftier besitzt seinen eigenen Charme und sicherlich wird es Ihnen schwer fallen, sich für eins der Tiere zu entscheiden. Das Nähen ist selbst für Anfänger sehr einfach, da immer die gleichen Zahlen oder Buchstaben auf den Schnittteilen aufeinander gelegt und dann zusammengenäht werden. An einem Stofftier wird exemplarisch die Vorgehensweise vom Zuschneiden bis zum Nähen Schritt für Schritt gezeigt, ebenso wird das Einsetzen von Augen und Gelenken anhand von Fotos erklärt.
Und nun wünsche ich Ihnen gutes Gelingen und viel Freude mit Ihrem Kuscheltier.

Rita Kahl

Material und Hilfsmittel

Zum Nähen der Kuscheltiere benötigen Sie folgende Materialien und Hilfsmittel:

- Transparentpapier
- Pappe
- Kugelschreiber oder Filzstift
- Schere oder Cutter
- Stecknadeln
- Nähnadel
- lange Nähnadel (Hobbyhandel)
- Häkelnadel
- Nähseide
- Knopflochseide oder Perlgarn
- Baumwolltwist oder Wollfaden
- Fell oder Stoff
- Filz, evtl. Samt
- Glasaugen
- Füllwatte, Granulat
- Gelenkscheiben und Splinte
- Zange
- Nähmaschine

Bei kleineren Kuscheltieren wirken kurzflorige Felle am besten, für den Igel (S. 12) und den Schwanz des Eichhörnchens (S. 16) sollten Sie langfloriges Fell verwenden. Sie erhalten Felle aus Mohair, Baumwolle oder Synthetik.

Eine Auswahl an Fellen erhalten Sie in jedem Kaufhaus. Wollen Sie das Kuscheltier für ein Kleinkind nähen, empfiehlt es sich, Felle aus Naturfasern zu verwenden, die im Hobbyfachhandel erhältlich sind.

Grundanleitung

Erstellen von Schablonen

Legen Sie Transparentpapier auf den Vorlagebogen und pausen Sie die Schnittteile mit einem Bleistift oder Kugelschreiber ab. Übertragen Sie auch alle Ziffern, Markierungen und vor allem den Fadenlauf, der mit einem Pfeil gekennzeichnet ist. Kleben Sie nun das Transparentpapier auf eine festere Pappe und schneiden Sie die Schnittteile aus. So erhalten Sie eine Schablone, die Sie sowohl von links als auch von rechts auf den Stoff legen können. Die Schablone hat zudem den Vorteil, dass beim Übertragen des Schnittmusters auf den Stoff nichts verrutschen kann.

Zuschneiden des Stoffes

Legen Sie den Stoff mit der linken Seite auf den Arbeitstisch, sodass die Fellseite auf der Arbeitsplatte liegt. Der Stoff muss so vor Ihnen liegen, dass der Fadenlauf des Stoffes auf Ihren Körper zeigt. Legen Sie nun die Schablonen so auf den Stoff, dass die Pfeile ebenfalls auf Ihren Körper zeigen – der Pfeil zeigt immer die Richtung des Fadenlaufes an. Nun übertragen Sie die Schnitte auf den Stoff, indem Sie die Schablonen mit einem Filzstift oder Kugelschreiber umfahren. Manche Teile müssen zweimal aufgezeichnet werden – einmal von links und einmal von rechts. Legen Sie die Schablone einmal von der beschrifteten Seite auf und wenden Sie sie dann, sodass die Schrift nicht mehr zu sehen ist. Übertragen Sie auch alle Ziffern und Markierungen, dann ist das Zusammennähen einfacher. Schneiden Sie nun die Teile mit einer Nahtzugabe von ungefähr 1/2 cm aus. Um die langen Haare des Fells nicht zu verletzen, empfiehlt es sich, mit einem Cutter zu schneiden, Sie benötigen dafür jedoch eine stabile Schneideunterlage. Sollten Sie aus Versehen die Nahtzugabe wegschneiden oder beim Schneiden ein wenig ausrutschen, können Sie dies ausgleichen, indem Sie alle Teile gleichmäßig ohne Nahtzugabe ausschneiden – dann wird Ihr Kuscheltier etwas kleiner.

Nähen

Bevor Sie nähen, sollten Sie erst einmal alle Schnittteile, wie in der jeweiligen Anleitung angegeben, aufeinander legen, mit Stecknadeln zusammenstecken und dann reihen. Die Schnittteile werden immer rechts auf rechts gelegt und die Zahlen auf dem Schnittmuster zeigen Ihnen, wie die Stoffteile genau aufeinander liegen müssen. Legen Sie immer Zahl auf Zahl. Wenn die Stoffteile zusammengereiht wurden, können sie mit der Nähmaschine in der kleinsten Zick-Zack-Einstellung genäht werden.
Mit dem Matratzenstich (siehe Zeichnung) werden Nähte geschlossen, ohne dass man die Naht sehen kann.

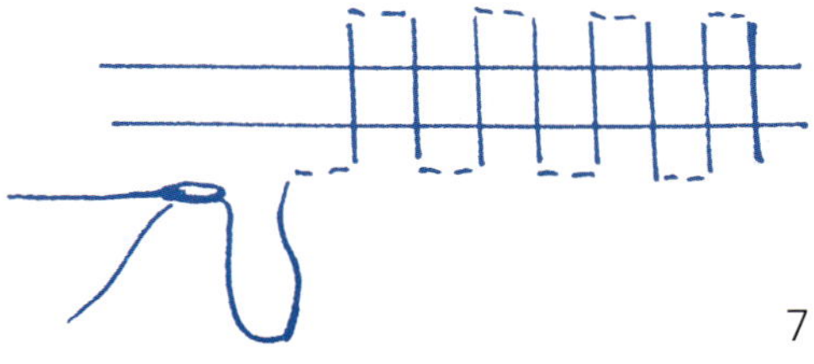

Schritt-für-Schritt-Anleitung

1. Legen Sie die Schablone auf die linke Seite des Fells und übertragen Sie die Schnittteile mit Hilfe eines Filzstiftes oder Kugelschreibers auf den Stoff. Manche Teile müssen einmal von der linken und einmal von der rechten Seite aufgezeichnet werden, hierfür finden Sie jeweils die Angaben auf dem Vorlagebogen. Übertragen Sie ebenfalls alle Zahlen, Abnäher und Striche.

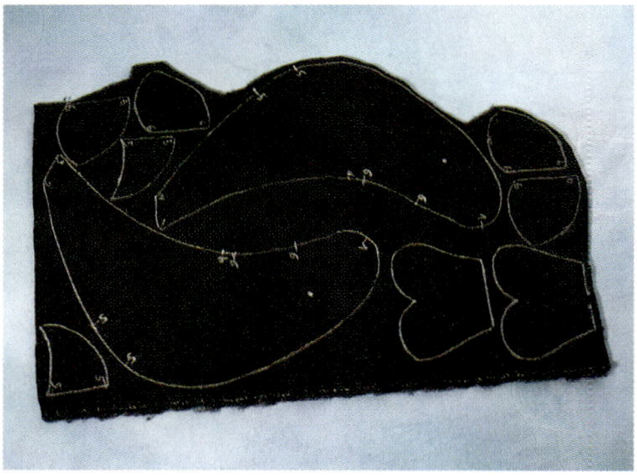

2. Schneiden Sie nun die Stoffteile aus und lassen Sie hierbei eine Nahtzugabe von 1/2 cm.

3. Nun werden die Abnäher genäht. Der Stoff muss dafür rechts auf rechts liegen.

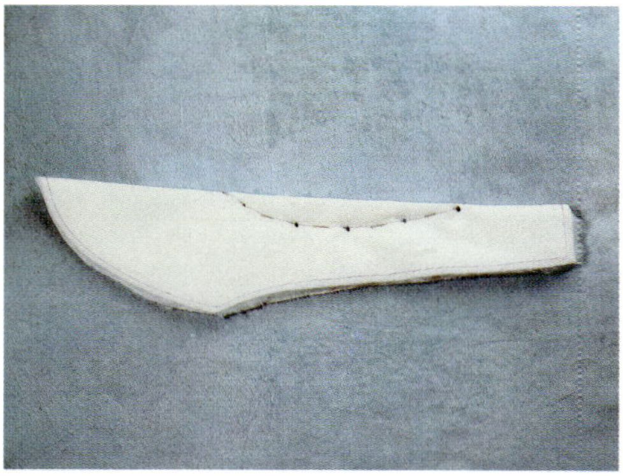

Stecken Sie zuerst den Abnäher mit Nadeln fest und reihen Sie ihn dann. Anschließend wird die Naht mit der Nähmaschine genäht.

4. Markieren Sie mit einem Faden die Stelle, an der später die Augen sitzen sollen. Nun werden die zwei Körper-Seitenteile rechts auf rechts aufeinander gelegt. Stecken Sie die Stoffteile zusammen, reihen Sie sie und nähen Sie anschließend entlang der oberen Linie von den Punkten 2 bis 5 und 5 bis 1 zusammen. Der Flossenansatz darf dabei nicht zugenäht werden.

5. Legen Sie nun das weiße Körper-Unterteil so auf die Seitenteile, dass der Stoff wieder rechts auf rechts liegt. Die Zahl 1 auf dem Unterteil muss genau auf der Markierung 1 des Seitenteils liegen, ebenso die Markierungen 3 und 4. Stecken Sie die Teile zusammen, reihen und nähen Sie sie anschließend. Die Flossenansätze auf beiden Seiten dürfen nicht zugenäht werden.

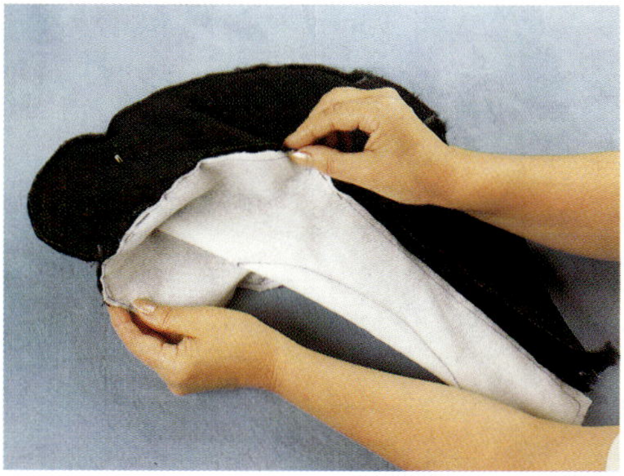

6. Legen Sie nun die Flossen rechts auf rechts aufeinander, stecken Sie sie mit Nadeln fest und reihen Sie sie zusam-

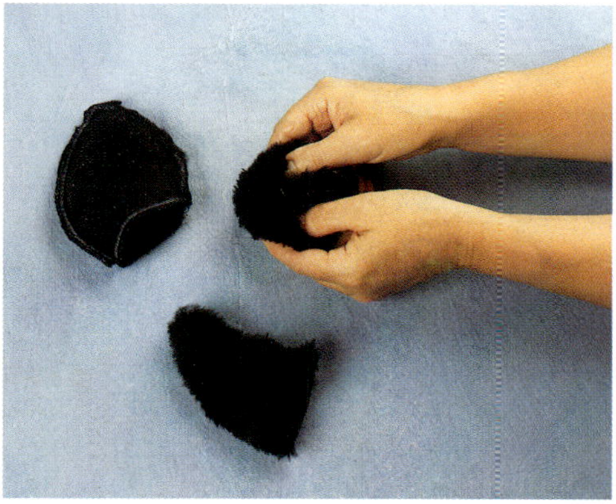

men. Anschließend wird die Flcsse zusammengenäht und gewendet. Verfahren Sie ebenso bei den Seitenflossen und der Schwanzflosse.

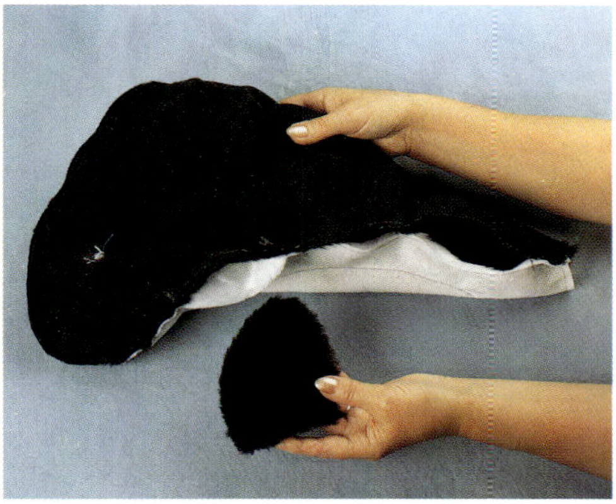

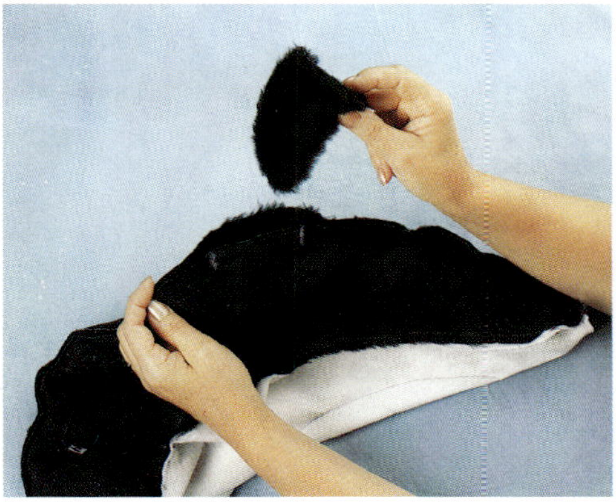

7. Stecken Sie nun die Flosse in die seitliche Öffnung. Befestigen Sie sie mit Stecknadeln, reihen Sie den Stoff und nähen Sie schließlich die Flosse an.

8. Ebenso wird die obere Flosse angenäht. Die Flosse wird von oben in die Öffnung gesteckt, mit Stecknadeln befestigt, gereiht und schließlich angenäht.

9. Wenden Sie nun insgesamt den Stoff, sodass die rechte Seite außen ist.

10. Anschließend wird der Wal mit Watte ausgestopft, ebenso die Schwanzflosse. Nähen Sie nun mit einem verdeckten Matratzenstich die Flosse an den Körper an.

11. Zuletzt werden die Augen befestigt. (Siehe Anleitung „Einsetzen der Augen")

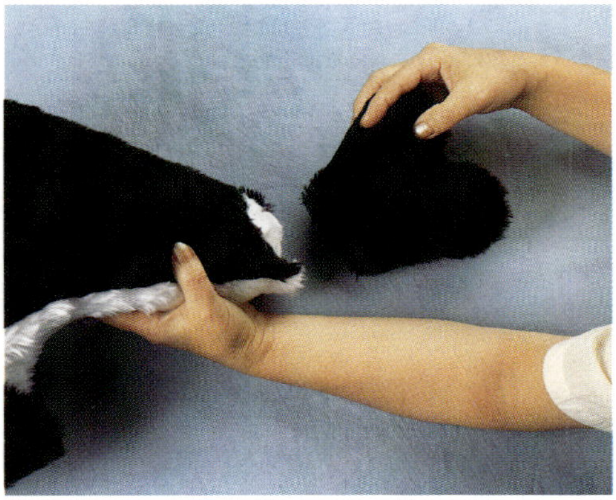

Einsetzen der Augen

Das Einsetzen zeige ich hier bei dem kleinen Eisbären, die Augen werden bei den anderen Tieren genauso eingenäht.

Das Einsetzen der Augen ist am leichtesten, wenn das Tier fertig genäht ist, das heißt, wenn der Kopf fertig ausgestopft ist. So kann man am besten bestimmen, wo die Augen sitzen sollen. Nehmen Sie hierzu einen doppelten starken Faden (etwa 50 cm lang), führen Sie beide Enden in das Öhr einer langen Nadel ein und stechen Sie an der gewünschten Stelle von vorne bis hinters Ohr durch. Lassen Sie die Fäden hängen, führen Sie die beiden anderen Enden (Vorderseite) durch das Glasauge wieder in die Nadel und stechen Sie genau in dasselbe Loch, jedoch sollte die Nadel hinter dem Ohr, etwas neben dem ersten Faden, durchgestochen werden. Dann werden beide Enden festgezogen, verknotet und zuletzt versäubert.

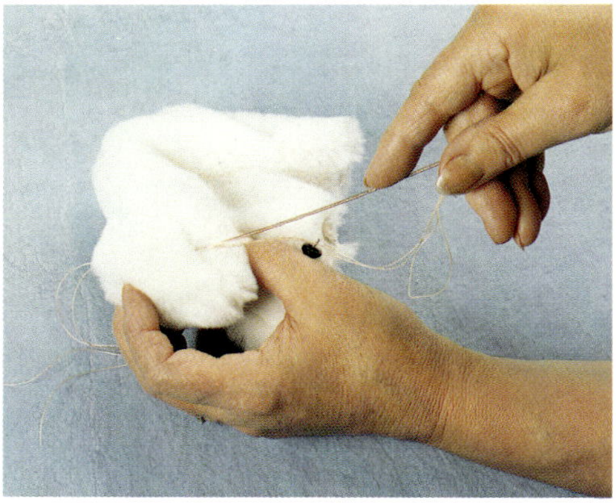

Die schönsten Kuscheltiere

Igel

Material

- 15 x 30 cm langfloriges Fell in Braun
- 15 x 15 cm kurzfloriges Fell in Braun
- Füllwatte
- 2 Glasaugen, 6 mm Ø
- schwarzer Filz, Samt oder Wollfaden

Anleitung

Fertigen Sie sich Schablonen von dem Körper, dem Ohr und dem Kopf an. Übertragen Sie nun das Körper-Seitenteil einmal von links und einmal von rechts auf den langflorigen Stoff, die Ohren müssen viermal ausgeschnitten werden. Das Kopf-Seitenteil muss ebenfalls von links und von rechts auf den kurzflorigen Stoff gezeichnet werden, das Körper-Unterteil nur einmal.

Übertragen Sie auch alle Nummern und die Einsatzlinie der Ohren. Nähen Sie zuerst jeweils das Kopfteil an das Körper-Seitenteil und nähen Sie dann beide Seitenteile zusammen, indem Sie die Naht von Punkt 4 bis 2 schließen. Nun nähen Sie das Körper-Unterteil an das Körper-Seitenteil, nähen Sie die Füllöffnung dabei nicht zu.

Wenden Sie den Igel und stopfen Sie ihn mit Füllwatte aus. Die Füllöffnung wird nun mit einem Matratzenstich zugenäht. Nun werden je zwei Ohren rechts auf rechts zusammengenäht, gewendet und mit Matratzenstich an der angegebenen Stelle befestigt. Zuletzt werden die Augen eingesetzt (siehe Anleitung S. 10). Die Schnauze ist ein etwa 2,5 cm großes Stück Samt oder Filz, das mit etwas unterlegter Watte aufgenäht wird, Sie können die Schnauze aber auch mit schwarzem Faden aufsticken.

Wal

Material

- 25 x 50 cm Fell in Weiß
- 70 x 70 cm Fell in Schwarz
- Füllwatte
- 2 Glasaugen, 12 mm Ø

Anleitung

Schneiden Sie für den Wal das Körper-Unterteil einmal aus weißem Fell aus, Das Körper-Seitenteil und die obere Flosse werden aus schwarzem Fell einmal von rechts und einmal von links und die Seitenflosse zweimal von rechts und zweimal von links ausgeschnitten. Die hintere Flosse benötigen Sie zweimal aus schwarzem Fell.

Übertragen Sie alle Zahlen, Abnäher und Striche auf den Stoff und nähen Sie den Wal gemäß der Schritt-für-Schritt-Anleitung (Seite 8).

Tipp: Sie können die obere Flosse auch gleich miteinnähen, indem Sie die Flosse, wie beschrieben, zusammennähen und dann beim Zusammennähen der Seitenteile mitsteppen.

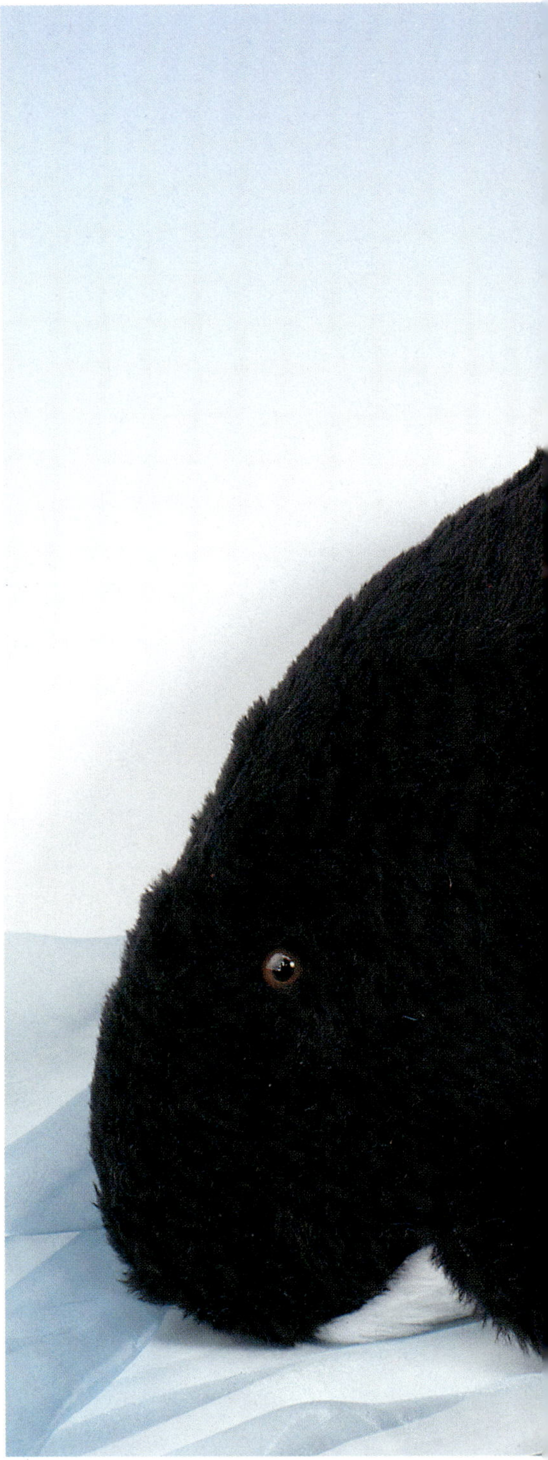

Eichhörnchen

Material

- 35 x 40 cm kurzfloriges Fell in Braun
- 15 x 25 cm langfloriges Fell in Braun
- Füllwatte
- 2 Glasaugen, 6 mm ∅

Anleitung

Schneiden Sie das Körper-Seitenteil und das Körper-Unterteil jeweils einmal von rechts und einmal von links aus dem kurzflorigen Fell aus, das Ohr muss viermal ausgeschnitten werden. Der Schwanz aus langflorigem Fell wird nur einmal ausgeschnitten.

Nähen Sie zuerst die Abnäher an den Körper-Seitenteilen und am Schwanz zusammen. Nun werden die Körper-Unterteile von 4 bis zur Füllöffnung und von 5 bis zur Füllöffnung zusammengenäht. Dann werden der Schwanz und schließlich die Seitenteile von 1 bis 2 und 1 bis 4 zusammengenäht.

Anschließend wird das Körper-Unterteil ringsherum an die Seitenteile angenäht. Jetzt werden der Eichhörnchen-Körper zusammen mit dem Schwanz gewendet und mit Füllwatte ausgestopft.

Nähen Sie die Ohren zusammen, wenden Sie sie und nähen Sie sie mit einem Matratzenstich dort, wo der Abnäher des Seitenteiles ist, an. Zuletzt werden die Augen gemäß Anleitung (S. 10) angebracht.

Küken

Material

- 30 x 50 cm Fell in Gelb
- 15 x 30 cm Filz in Orange
- Füllwatte
- 2 Glasaugen, 12 mm Ø

Anleitung

Schneiden Sie für das Küken das Körper-Seitenteil und das Kopf-Seitenteil einmal von rechts und einmal von links aus, den Flügel müssen Sie viermal und das Körper-Unterteil einmal ausschneiden. Die Füße werden viermal aus Filz ausgeschnitten, den Schnabel müssen Sie zweimal aus Filz ausschneiden. Übertragen Sie alle Zahlen und Markierungen auf den Stoff. Nun werden die Kopf-Seitenteile rechts auf rechts aufeinander gelegt und von 1 über 3 bis 2 zusammengenäht. Nähen Sie ebenso die Körper-Seitenteile von 2 über 8 bis 5 zusammen und nähen Sie dann das Körper-Unterteil von 1 bis 4 ein. Lassen Sie die Füllöffnung offen.

Nun wird der Körper mit dem Kopf verbunden; legen Sie Punkt 1 auf 1 und Punkt 2 auf 2. Anschließend wird der Stoff gewendet und das Küken mit Füllwatte ausgestopft. Legen Sie nun die Flügel aufeinander, nähen Sie sie von Punkt 6 nach 7 zu und wenden Sie sie. Je nach Fell müssen Sie die Flügel nicht ausstopfen, sondern nähen die Öffnung mit einem Matratzenstich zu und schließlich am Körper fest. Die beiden Schnabelteile werden nicht zusammengenäht, sondern aufeinander liegend an Punkt 3 festgenäht. Die Füße werden zusammengenäht, gewendet und unten am Küken festgenäht. Zuletzt werden die Augen (siehe Anleitung S. 10) angebracht.

Ente

Material

- 65 x 90 cm Fell in Gelb
- 30 x 30 cm Filz in Orange
- Füllwatte
- 2 Glasaugen, 14 mm ∅
- schwarzer Baumwolltwist oder Wollfaden

Anleitung

Schneiden Sie das Körper-Seitenteil und das Kopf-Seitenteil einmal von rechts und einmal von links aus, den Flügel müssen Sie zweimal von rechts und von links ausschneiden und das Körper-Unterteil benötigen Sie nur einmal. Die Füße werden viermal aus Filz ausgeschnitten, den Schnabel müssen Sie zweimal aus Filz ausschneiden.

Übertragen Sie alle Zahlen und Markierungen auf den Stoff. Nun werden die Kopf-Seitenteile rechts auf rechts aufeinander gelegt und von 2 bis 7 zusammengenäht, schließen Sie ebenfalls die Naht von 7 bis 1. Nähen Sie ebenso die Körper-Seitenteile von 2 über 5 bis 4 zusammen und schließen Sie die Naht von 1 bis 3. Anschließend wird das Körper-Unterteil eingenäht. Lassen Sie die Wendeöffnung sowie den Kopfansatz offen.

Nun wird der Körper mit dem Kopf verbunden; legen Sie hierfür Punkt 1 auf 1 und 2 auf 2. Anschließend wird der Stoff gewendet und die Ente mit Füllwatte ausgestopft.

Der Schnabel wird zusammengenäht und gewendet und mit einem Matratzenstich so an den Kopf genäht, dass die Punkte 6 und 7 aufeinander liegen. Legen Sie nun die Flügel aufeinander, nähen Sie sie zusammen und wenden Sie sie. Je nach

Fell müssen Sie die Flügel nicht ausstopfen, sondern Sie nähen die Öffnung mit einem Matratzenstich zu und schließlich

am Körper fest. Die Füße werden zusammengenäht, gewendet und unten am Küken festgenäht. Zuletzt werden cie Augen (siehe Anleitung S. 10) angebracht und die Schnabellöcher mit Baumwolltwist aufgestickt.

Lamm und Lämmchen

Material für das große Lamm

- 50 x 60 cm Fell in Wollweiß
- 20 x 30 cm Molton in Weiß
- Füllwatte
- 2 Glasaugen, 8 mm Ø
- schwarzer Baumwolltwist oder Wollfaden

Material für das kleine Lamm

- 45 x 80 cm Baumwollfell in Weiß
- Füllwatte
- 2 Glasaugen, 6 mm Ø
- schwarzer Baumwolltwist oder Wollfaden

Anleitung

Die beiden Tiere werden gleich gearbeitet, haben jedoch unterschiedlich große Schnittteile, sodass Sie ein kleines und ein großes Lamm nähen können. Bei dem kleinen Lamm wurde das Kopfteil im Ganzen zugeschnitten und später ab der gestrichelten Linie rasiert, für das große Lamm wurden beide Teile aus unterschiedlichem Stoff (Fell und Molton) zugeschnitten und dann zusammengenäht.

Schneiden Sie für das große Lamm das Körper-Seitenteil, das Körper-Unterteil und das hintere Kopf-Seitenteil jeweils einmal rechts und einmal links aus, die Sohle wird viermal, das Kopf-Mittelteil und der Schwanz werden einmal ausgeschnitten.

Aus Molton schneiden Sie das Kopf-Mittelteil einmal und das vordere Kopf-Seitenteil einmal von rechts und einmal von links aus.

Für das kleine Lamm wird das Kopf-Seitenteil im Ganzen einmal von links und einmal von rechts zugeschnitten.

Nähen Sie nun die Kopf-Mittelteile von 7 nach 7 aneinander und verbinden Sie die Kopf-Seitenteile mit dem Kopf-Mittelteil von 8 nach 4. Schließen Sie die vordere Naht von 4 nach 1. Danach kennzeichnen Sie die Ansatzlinien der Ohren und die Augen mit einem Faden, damit Sie diese nach dem Wenden leichter annähen können.
Für den Körper nähen Sie zuerst die Körper-Unterteile von 3 bis zur Füllöffnung und von 6 bis zur Füllöffnung zusammen. Die Körper-Seitenteile werden von Punkt 2 bis 3 aneinander genäht und anschließend wird das Körper-Unterteil ringsherum von 6 bis 3 angenäht, wobei der Sohlenansatz offengelassen wird. Dann werden die Sohlen eingesetzt; Sie können sie entweder mit der Maschine oder mit der Hand annähen. Nähen Sie nun den Kopf an, wenden Sie den Stoff und füllen Sie das Lamm mit Füllwatte. Nun werden die Ohren und der Schwanz zusammengenäht und mit einem Matratzenstich angenäht. Die Ohren sollten nicht stehen, sondern ein wenig seitlich angenäht werden, sodass sie hängen. Die Schnauze wird mit Baumwolltwist aufgestickt und zuletzt werden die Augen (siehe Anleitung S. 10) angenäht.

Fuchs

Material

- 50 x 65 cm Fell in Weiß
- 65 x 110 cm Fell in Rotbraun
- Füllwatte
- 2 Glasaugen, 14 mm ∅
- schwarzer Filz, Samt oder Wollfaden

Anleitung

Schneiden Sie das Körper-Unterteil und das Kopf-Unterteil je einmal aus weißem Fell aus, das Ohr wird zweimal aus weißem Fell und zweimal aus rotbraunem Fell ausgeschnitten und das Kopf-Hinterteil, das Kopf-Seitenteil sowie das Körper-Seitenteil einmal von links und einmal von rechts.

Der Schwanz wird dreimal aus langflorigem Fell ausgeschnitten. Nähen Sie zuerst den Abnäher im Körper-Unterteil. Nun werden die Körper-Seitenteile oben von 1 bis 2 zusammengenäht und das Unterteil an die Seitenteile jeweils von 1 bis zur Füllöffnung. Wenden Sie den Stoff, stopfen Sie den Körper anschließend aus und nähen Sie die Öffnung mit einem Matratzenstich zu.

Für den Kopf nähen Sie die beiden Seitenteile von Punkt 3 nach 4 zusammen sowie die Kopf-Hinterteile von 1 nach 4. Nähen Sie nun die Seitenteile mit dem Hinterkopf zusammen, anschließend wird das Kopf-Unterteil angenäht.

Legen Sie hierfür immer die gleichen Nummern aufeinander, also Punkt 4 des Kopf-Hinterteils auf Punkt 4 des Kopf-Seitenteils usw.

Nun wird der Stoff gewendet und der Kopf mit Füllwatte ausgestopft. Nähen Sie jeweils ein weißes Ohr auf ein rotbraunes und nähen Sie dann die Ohren mit Matratzenstich am Kopf an. Die Augen werden, wie auf S. 10 beschrieben, befestigt. Nun kann der Kopf am Körper angenäht werden.

Ich habe den Kopf nur an einer Stelle mit 2 bis 3 Stichen festgenäht, sodass sich

der Kopf seitlich, nach unten oder nach oben legen lässt. Sie können ihn aber auch an mehreren Stellen annähen, sodass er ganz fest sitzt.
Der Schwanz wird ebenso nicht ringsherum angenäht, sondern nur an einem Punkt, damit er beweglicher ist. Die Schnauze ist ein etwa 4 cm großes Stück Samt oder Filz, das mit etwas unterlegter Watte aufgenäht wird, Sie können die Schnauze aber auch mit schwarzem Faden aufsticken.

Maus

Material

- 25 x 30 cm Fell in Grau
- Füllwatte
- 2 Glasaugen, 6 mm Ø
- Wollfaden

Anleitung

Fertigen Sie sich Schablonen an und übertragen Sie das Körper-Seitenteil einmal von links und einmal von rechts auf den Stoff, das Körper-Unterteil muss nur einmal und die Ohren müssen viermal ausgeschnitten werden.

Kennzeichnen Sie mit einem Faden den Ohrenansatz und die Augen, sodass Sie diese später einfacher einsetzen können. Nähen Sie zuerst beide Seitenteile zusammen, indem Sie die Naht von Punkt 1 bis 2 schließen. Der Stoff muss hierfür rechts auf rechts liegen. Nun nähen Sie das Körper-Unterteil an das Körper-Seitenteil, lassen Sie die Füllöffnung unbedingt offen. Nun wird der Stoff gewendet und mit Füllwatte ausgestopft. Die Füllöffnung wird mit einem Matratzenstich zugenäht.

Je zwei Ohren werden rechts auf rechts zusammengenäht, gewendet und ebenfalls mit Matratzenstich an der angegebenen Stelle befestigt. Der Schwanz aus gehäkelten Luftmaschen ist etwa 10 cm lang. Zuletzt werden der Schwanz angenäht und die Augen eingesetzt (siehe Anleitung S. 10).

Eisbär

Material

- 30 x 50 cm Fell in Weiß
- Füllwatte
- 2 Glasaugen, 5 mm ∅
- 1 Splint
- 2 Scheiben, 2 cm ∅
- schwarzer Baumwolltwist oder Wollfaden

Anleitung

Für den kleinen Eisbären schneiden Sie das Körper-Seitenteil, das Kopf-Seitenteil und das Körper-Unterteil je einmal von rechts und einmal von links aus. Das Kopf-Mittelteil muss einmal, der Schwanz zweimal und das Ohr sowie die Sohle viermal ausgeschnitten werden. Schließen Sie nun zuerst die Abnäher, dann werden die Körper-Seitenteile von C nach D zusammengenäht. Anschließend werden die Körper-Unterteile an der Linie C bis D zusammengenäht, jedoch muss die Füllöffnung offen gelassen werden. Nähen Sie die Unterteile mit den Seitenteilen zusammen, wobei die Sohlenansätze offen gelassen werden. Nun können die Sohlen eingesetzt werden, verwenden Sie hierfür die Maschine oder nähen Sie die kleinen Teile mit der Hand ein. Jetzt kann der Körper des Eisbären gewendet werden.

Als nächstes nähen Sie die Kopf-Seitenteile an das Kopf-Mittelteil. Lassen Sie dabei den Hals offen. Wenden Sie den Kopf und füllen Sie ihn mit Watte.

Damit der Kopf sich bewegen lässt, benötigen Sie einen Splint und Kunststoffscheiben. Nehmen Sie einen etwa 45 cm langen doppelten und sehr festen Faden (Perlgarn) und reihen Sie von B nach B. Legen Sie den Splint mit einer Scheibe

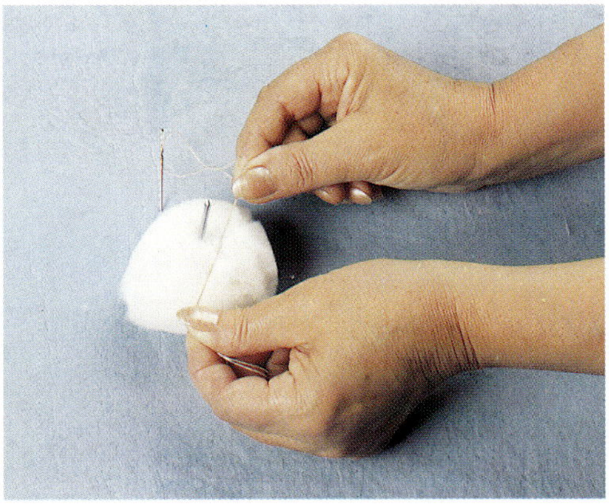

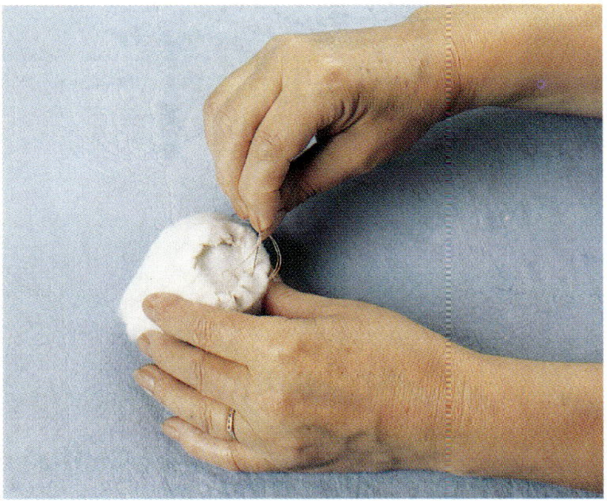

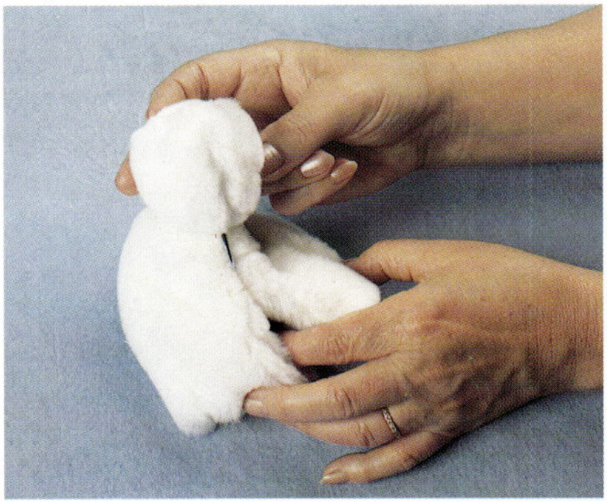

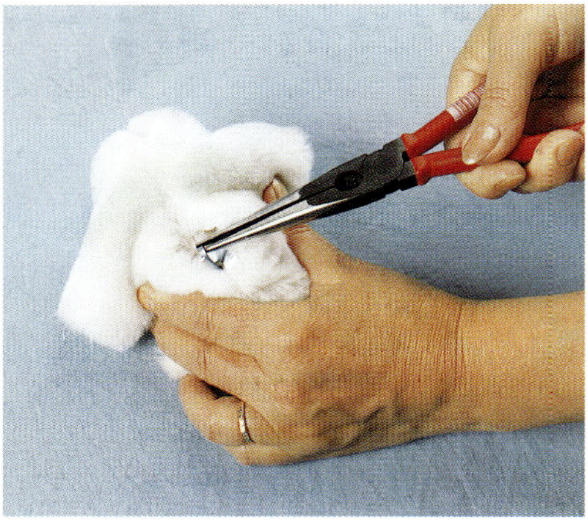

so in den Hals, dass der Splint nach oben zeigt. Jetzt ziehen Sie den Faden fest zusammen, bis nur noch der Splint zu sehen ist, verknoten und vernähen ihn und schneiden ihn ab. Befestigen Sie den Kopf auf dem Körper, indem Sie den Splint in den Körper stecken und darauf wieder eine Scheibe, die Sie durch die Öffnung unten am Bauch schieben können. Nun wird mit einer Zange der Splint zu beiden Seiten fest eingerollt. Auf diese Weise kann der Kopf hin- und hergedreht werden.

Nun kann der Körper gefüllt und an der Füllöffnung zugenäht werden. Nähen Sie als nächstes die beiden Teile für den Schwanz und die Ohren zusammen und befestigen Sie sie mit Matratzenstich am Kopf bzw. Körper des Eisbärens. Zuletzt werden die Augen (siehe Seite 10) eingesetzt und die Schnauze des Bären aufgestickt.

Koala

Material

- 25 x 30 cm Fell in Weiß
- 40 x 120 cm Fell in Grau
- 10 x 40 cm Filz in Dunkelgrau
- Samt oder Filz in Schwarz
- Füllwatte
- 2 Glasaugen, 12 mm ∅
- 5 Splinte
- 4 Scheiben, 3,5 cm ∅ (für die Arme)
- 6 Scheiben, 4,5 cm ∅ (für Beine und Kopf)

Anleitung

Schneiden Sie das Körper-Rückenteil, das Bein, den Außenarm, das Kopf-Seitenteil und den Innenarm je einmal von rechts und einmal von links aus grauem Fell aus. Das Körper-Vorderteil wird aus weißem Fell einmal von links und einmal von rechts ausgeschnitten. Schneiden Sie das Kopf-Mittelteil einmal aus grauem Fell zu, das Ohr zweimal aus grauem und zweimal aus weißem Fell, die Sohle zweimal aus dunkelgrauem Filz und die Pfote einmal von rechts und einmal von links ebenfalls aus Filz. Übertragen Sie alle Zahlen und Markierungen auf den Stoff.

Schließen Sie zuerst die Abnäher, dann werden die Kopf-Seitenteile mit dem Kopf-Mittelteil von Punkt 1 nach 2 verbunden. Anschließend werden die Kopf-Seitenteile von 1 bis 5 und von 5 bis 6 zusammengenäht. Nun können Sie den Stoff wenden und mit Füllwatte ausstopfen. Nehmen Sie einen doppelten, etwa 50 cm langen Perlgarnfaden oder ein anderes festes Garn und reihen Sie an der Halsöffnung ringsherum (siehe auch Anleitung „Eisbär" S. 27 f.). Anschließend wird der Splint mit einer Scheibe so in den Hals gelegt, dass die Splintspitze nach außen zeigt. Jetzt ziehen Sie den Faden fest zusammen, bis nur noch der Splint zu sehen ist, verknoten die Enden, vernähen sie und schneiden sie ab.

Nähen Sie nun die Körper-Rückenteile an der Seitennaht zusammen, ebenso die Körper-Vorderteile. Nun werden Rücken- und Vorderteil zusammengenäht, wobei die Füllöffnung offen bleiben muss. Der Hals wird mit einem starken Garn so weit zusammengereiht, dass der Splint noch gut durch die Öffnung passt. Dann werden die Fadenenden verknotet und abgeschnitten. Stechen Sie nun den Splint durch die Öffnung, legen Sie eine Scheibe darauf und rollen Sie mit einer Zange die Splinte auseinander. Nun werden die Pfoten von Punkt 3 nach 4 an die Innenarme genäht und diese schließlich mit den Außenarmen zusammengenäht. Schneiden Sie nun den Gelenkeinschnitt ein und stopfen Sie die Arme aus. Wenn Sie bewegliche Arme haben wollen, können Sie die Pfoten mit Füllwatte und die Arme mit Granulat füllen. Nun wird, wie beim Kopf bereits erklärt, der Splint mit der Scheibe in die Öffnung des Gelenkeinschnitts gelegt und die Naht mit einem festen Faden zugenäht. Schneiden Sie nun zwei Maschen des Stoffes am Oberkörper (Gelenkpunkt) ein, stechen Sie den Splint durch diese Öffnung, legen Sie eine Scheibe auf den Splint und biegen Sie mit der Zange die Splinte auseinander.

Dann werden die Beine bis zum Sohlenansatz geschlossen und die Sohlen von 5 bis 6 bis 5 eingesetzt. Schneiden Sie nun den Gelenkeinschnitt ein und stopfen Sie die Beine aus. Nun wird der Splint mit der

Scheibe in die Öffnung des Gelenkeinschnitts gelegt und die Naht mit einem festen Faden zugenäht. Schneiden Sie zwei Maschen des Stoffes am Unterkörper (Gelenkpunkt) ein, stechen Sie den Splint durch diese Öffnung, legen Sie eine Scheibe auf den Splint und biegen Sie mit der Zange die Splinte auseinander.
Als nächstes wird der Körper mit Füllwatte ausgestopft und zugenäht. Nähen Sie je ein weißes und ein graues Ohrteil aufeinander und nähen Sie schließlich mit Matratzenstich die Ohren am Kopf an. Die Schnauze ist ein etwa 5 cm großes Stück Samt oder Filz, das mit etwas unterlegter Watte aufgenäht wird. Zuletzt werden die Augen gemäß Grundanleitung (S. 10) angenäht.